人体

電子顕微鏡でのぞいてみよう！

宮澤七郎 ● 監修

医学生物学電子顕微鏡技術学会 ● 編

逸見明博 ● 編集責任

小峰書店

人体を見る

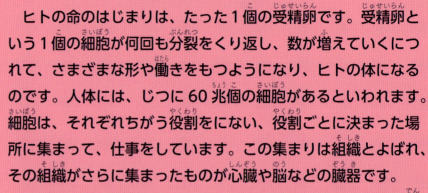
▶神経の断面

▼なみだを分泌する涙腺

ヒトの命のはじまりは、たった1個の受精卵です。受精卵という1個の細胞が何回も分裂をくり返し、数が増えていくにつれて、さまざまな形や働きをもつようになり、ヒトの体になるのです。人体には、じつに60兆個の細胞があるといわれます。細胞は、それぞれちがう役割をにない、役割ごとに決まった場所に集まって、仕事をしています。この集まりは組織とよばれ、その組織がさらに集まったものが心臓や脳などの臓器です。

1mmの100万分の1の大きさのものも見ることができる電子顕微鏡で人体をのぞいてみると、それぞれの臓器は、精密に組み上げられた建造物のような構造をしています。まるで別々の生物のようにうごめく密集した細胞、全身のすみずみまで張りめぐらされた血管と神経、どこまでもつづく不思議な世界が広がっています。そんなおどろきの人体のミクロワールドを、ぜひ、いっしょに探検してみましょう。

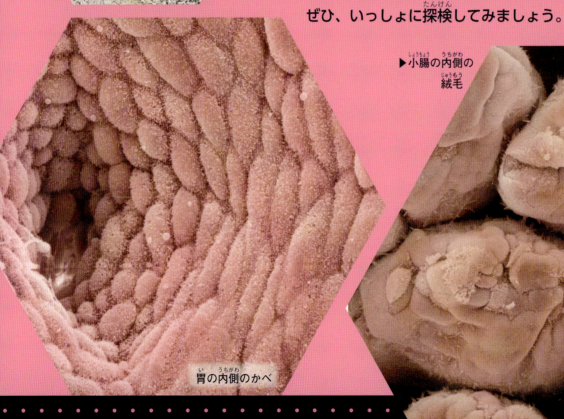
▶小腸の内側の絨毛

胃の内側のかべ

◀ 骨格筋　　　　　　　　　　　　　▶ マクロファージ

細胞とは何か

細胞は、「活動し、仲間を増やす」という生き物の特徴をそなえた、最小の単位です。ヒトをはじめ、すべての生き物は細胞が集まってできています。細胞は、どんなつくりになっているのでしょうか。

細胞は細胞膜に包まれていて、中には核と細胞質があります。核の中には、親から受けついだ姿形や性質などの情報（遺伝情報）を記憶した染色体があります。また、細胞質には、細胞が働くために重要なミトコンドリアや小胞体などがあります。

細胞膜

核
丸い部分が核。分裂するとき、染色体があらわれる。

ゴルジ体
細胞がたんぱく質をつくるのを助けている。

ミトコンドリア
細胞が活動するために必要なエネルギーをつくっている。

粗面小胞体
表面に、リボソームという小器官がついていて、たんぱく質をつくっている。

滑面小胞体
脂質を合成したり、カルシウムをたくわえたりしている。

もくじ

人体を見る ── 2
細胞（さいぼう）とは何か ── 3

① **人体のつくり**を見てみよう ── 6

② **心臓（しんぞう）**を見てみよう ── 8

③ **肺（はい）**を見てみよう ── 10

食べ物が消化されるまで ── 12

④ **口・歯**を見てみよう ── 14

⑤ **胃（い）・腸（ちょう）**を見てみよう ── 16

⑥ **肝臓（かんぞう）・膵臓（すいぞう）**を見てみよう ── 18

⑦ **腎臓（じんぞう）・内分泌臓器（ないぶんぴつぞうき）**を見てみよう ── 20

⑧ **脳（のう）・神経細胞（しんけいさいぼう）**を見てみよう ── 22

⑨ **眼（め）**を見てみよう ── 24

⑩ **鼻・耳**を見てみよう ── 26

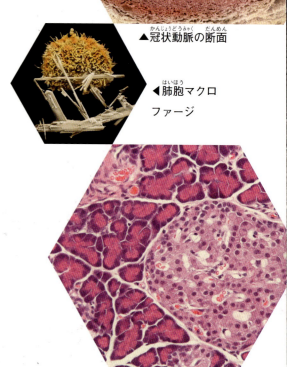
▲冠状動脈（かんじょうどうみゃく）の断面（だんめん）

◀肺胞（はいほう）マクロファージ

▲膵臓（すいぞう）の組織（そしき）

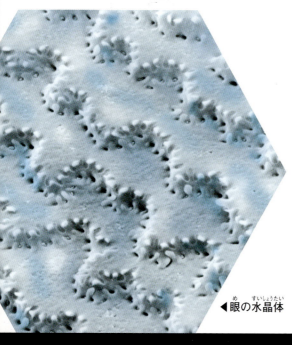
◀眼（め）の水晶体（すいしょうたい）

電子顕微鏡でのぞいてみよう！ ミクロワールド大図鑑

- ⑪ **皮膚**を見てみよう ——— 28
- ⑫ **骨・筋肉**を見てみよう ——— 30
- ⑬ **血液・免疫**を見てみよう ——— 32
- ⑭ **病気**を見てみよう ——— 34
- ⑮ **細菌・ウイルス**を見てみよう - 36

子どもミクロワールド写真館 ——— 38
さくいん ——— 40

▲赤血球とリンパ球

この本の見方

写真を撮影した顕微鏡の種類 ‥‥‥‥‥‥‥‥‥‥ 体の部分の名前

 走査型電子顕微鏡
観察するものに電子線を当て、反射した電子をもとに画像を映しだす。

 透過型電子顕微鏡
観察するものに電子線を当て、通りぬけた電子をもとに画像を映しだす。

 光学顕微鏡
レンズによって、観察するものを拡大して見られるようにする。

写真に写っているものの倍率
「×1700」は、実物の1700倍の大きさという意味。
倍率が入っていない写真もあります。

心筋 ×1800

電子顕微鏡の写真はもとは白黒ですが、この本では色をつけてあります。
本書に掲載している電子顕微鏡の写真には、人間以外の動物のものもふくまれます。

1 人体のつくり
を見てみよう

ヒトの体は、何でできているのでしょうか。また、それぞれの臓器は、どんな役目を果たしているのでしょうか。

人体をかたちづくる臓器

ヒトの体は形も働きもさまざまな、たくさんの細胞でできています。これらの細胞は体の中にばらばらに存在するのではなく、同じものどうしが集まって組織をつくり、その組織が集まって臓器ができています。

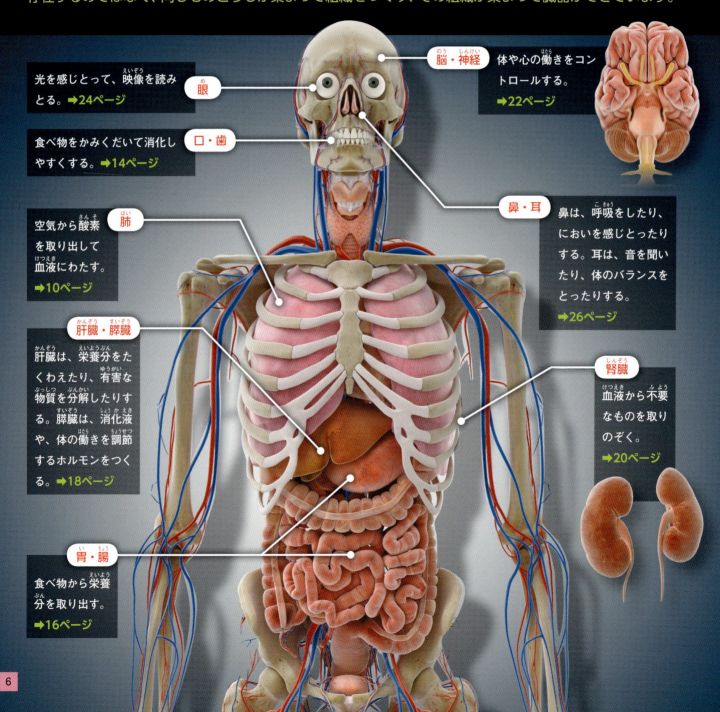

眼
光を感じとって、映像を読みとる。➡24ページ

口・歯
食べ物をかみくだいて消化しやすくする。➡14ページ

肺
空気から酸素を取り出して血液にわたす。➡10ページ

肝臓・膵臓
肝臓は、栄養分をたくわえたり、有害な物質を分解したりする。膵臓は、消化液や、体の働きを調節するホルモンをつくる。➡18ページ

胃・腸
食べ物から栄養分を取り出す。➡16ページ

脳・神経
体や心の働きをコントロールする。➡22ページ

鼻・耳
鼻は、呼吸をしたり、においを感じとったりする。耳は、音を聞いたり、体のバランスをとったりする。➡26ページ

腎臓
血液から不要なものを取りのぞく。➡20ページ

臓器をつくる4つの組織

組織は、同じような形や働きをもつ細胞の集まりです。ヒトの体では、大きく分けて4種類の組織があります。これらが組み合わさって、さまざまな臓器をつくっています。

上皮組織
小腸の内側の組織

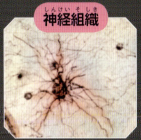
神経組織
大脳の組織

筋組織
骨格筋の組織

支持組織
軟骨の組織

皮膚の表面や、胃や腸などの内側のかべをおおっている。細胞がすきまなく並んでいて、体を守ったり、栄養を吸収したりしている。

脳や脊髄などをつくっている。皮膚や眼、耳などが感じとった刺激（情報）を脳に伝えたり、脳が出した命令を各器官に伝えたりする。

さまざまな筋肉をつくっている、細長い筋細胞（筋線維）が集まってできていて、のびたりちぢんだりするのが特徴。

組織と組織をつないだり、臓器をかたちづくったりする線維性組織、体をささえる骨組織、関節をつくる軟骨組織などがある。

全身の血管

酸素や栄養分を全身に運ぶ血液が通る。心臓から全身に向かう血管を動脈、心臓に向かう血管を静脈という。
➡32ページ

全身の筋肉

骨と結びついている筋肉を骨格筋という。人体には約400の骨格筋がある。ほかに心臓を動かす心筋や、内臓を動かす平滑筋もある。➡30ページ

全身の骨格

人体の骨格は、大きさも形も異なる200個あまりの骨でできている。骨と骨は関節でつながり、動けるようになっている。➡30ページ

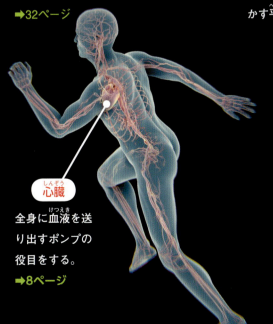

心臓
全身に血液を送り出すポンプの役目をする。
➡8ページ

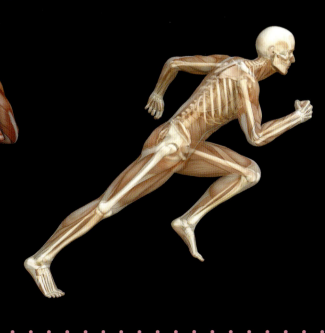

2 心臓を見てみよう

心臓は、全身に血液を送るポンプです。心臓のかべは心筋とよばれる筋肉でできていて、休むことなくのびたりちぢんだりして、流れてくる血液をおし出しています。

☼ 24時間、血液を送るポンプ

心臓は、にぎりこぶしぐらいの大きさで、胸の左よりにあります。肺で酸素を受けとった血液が入ってくると、心臓はちぢんだあと全身に血液をおし出します。そして、体のあちらこちらをめぐってもどってきた血液をふたたび肺に送ります。

→ 血液の流れ

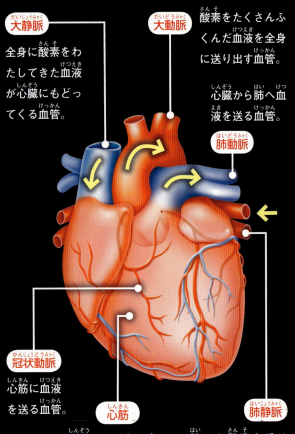

大静脈　全身に酸素をわたしてきた血液が心臓にもどってくる血管。

大動脈　酸素をたくさんふくんだ血液を全身に送り出す血管。

肺動脈　心臓から肺へ血液を送る血管。

冠状動脈　心筋に血液を送る血管。

心筋　心臓のかべをつくっている筋肉。中を血液が通っている。

肺静脈　肺から酸素を受けとった血液が心臓にもどってくる血管。

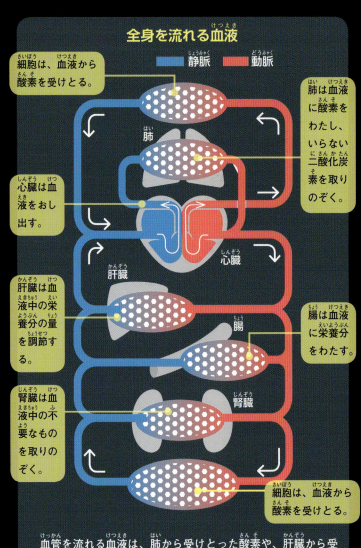

全身を流れる血液
■静脈　■動脈

- 細胞は、血液から酸素を受けとる。
- 肺は血液に酸素をわたし、いらない二酸化炭素を取りのぞく。
- 心臓は血液をおし出す。
- 肝臓は血液中の栄養分の量を調節する。
- 腸は血液に栄養分をわたす。
- 腎臓は血液中の不要なものを取りのぞく。
- 細胞は、血液から酸素を受けとる。

血管を流れる血液は、肺から受けとった酸素や、肝臓から受けとった栄養分を全身にとどけます。その血液の流れをつくり出しているのが心臓です。

心筋は、心臓のかべをつくっている筋肉で、細長い心筋細胞が集まってできている。骨などについている骨格筋とちがって、心筋は自分で動かしたり止めたりすることはできない。

血液を力強くおし出す筋肉

心筋 ×1800

心筋細胞

冠状動脈の断面 ×60

おとなの体の血管の長さの合計は、約10万kmにもなる。断面を見ると、血管は、なめらかな内膜、平滑筋からなる中膜、外膜の3つの層でできていることがわかる。

全身をめぐる約10万kmのチューブ

脂肪などがついて血管のかべが厚くなると、血液が通る穴はせまくなる。すると心筋などに栄養分がいきわたらず、心筋梗塞などの病気を引き起こす。

つまった血管の断面 ×35

外膜
中膜
内膜
血液が通るところ

脂肪など

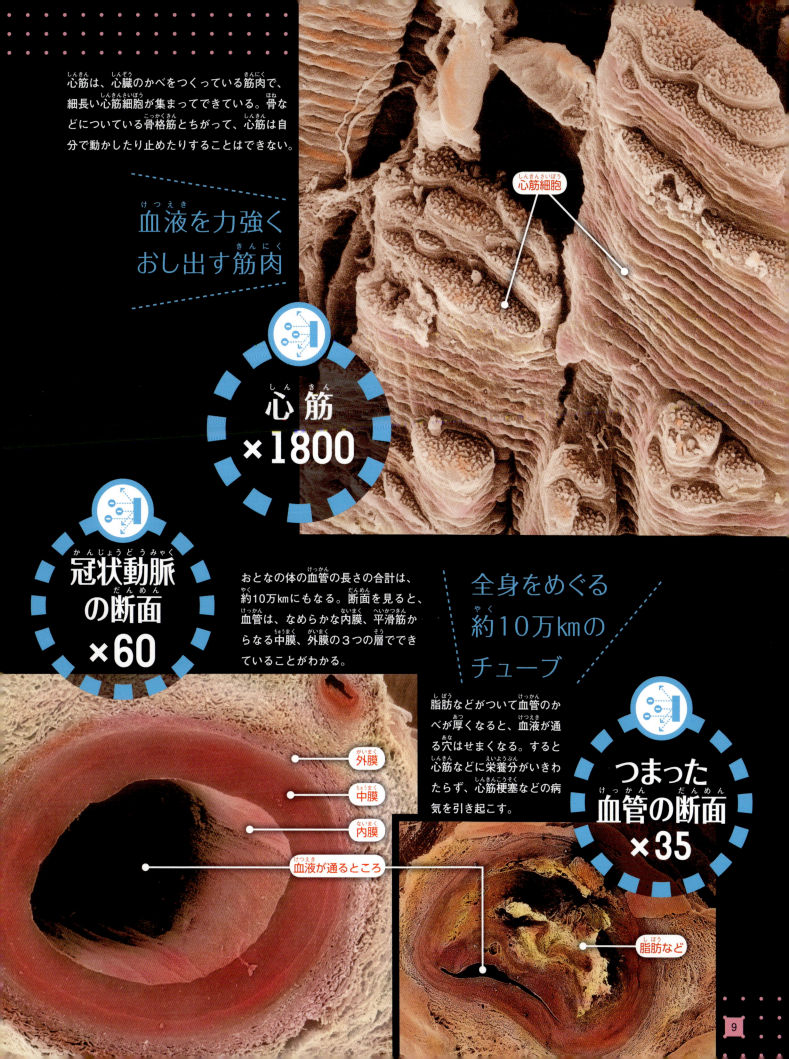

3 肺を見てみよう

ヒトは、酸素がないと生きていけません。口や鼻から吸いこんだ空気は、気管を通って肺に送られます。肺は空気から酸素を取り入れ、血液といっしょに心臓に送ります。そして心臓から全身に送り出されるのです。

✦ 空気から酸素を取り入れる

肺は胸にあって、左右に分かれています。空気が通る気管は左右の肺に入って気管支になり、さらに細かく枝分かれします。気管支の先には肺胞というふくろがついていて、血液に酸素を送りこむと同時に、いらない二酸化炭素を受けとって体の外に出しています。

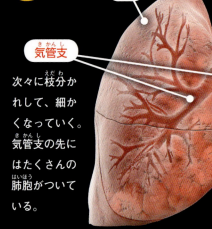

気管はのどにつながっている。

心臓が少し左よりにあるため、左肺は右肺よりも小さい。

次々に枝分かれして、細かくなっていく。気管支の先にはたくさんの肺胞がついている。

ラベル: 気管、左肺、右肺、気管支

動く毛がほこりや細菌を追いはらう

気管の表面 ×460

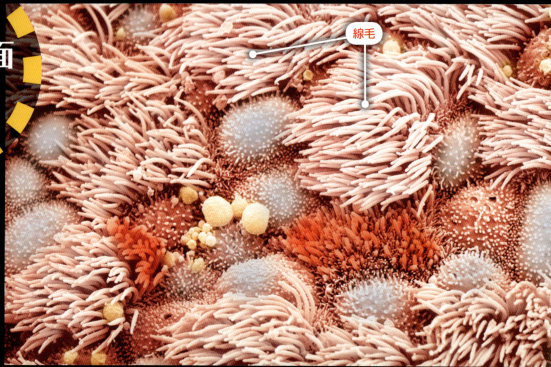

気管の内側の表面に生えている細い毛は線毛とよばれる。線毛は、ほこりや細菌などの異物が入ってくると動いて、のどのほうにおし上げてくれる。

ラベル: 線毛

酸素と二酸化炭素を交換

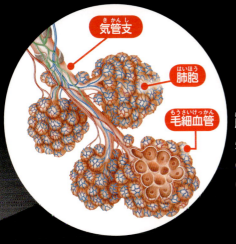

肺胞は、気管支の先にぶどうのふさのように集まっている。肺胞の周囲には、とても細かい毛細血管が通る。

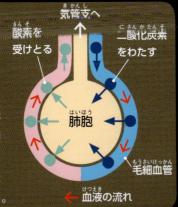

酸素と二酸化炭素の交換

血液は、不要になった二酸化炭素を肺胞にわたす。それと同時に酸素を受けとって心臓に行き、また全身におし出される。

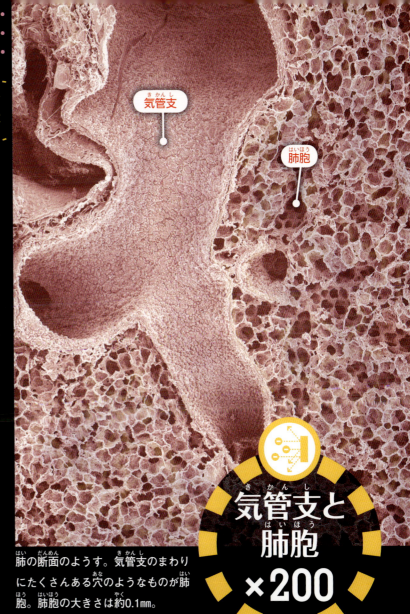

肺の断面のようす。気管支のまわりにたくさんある穴のようなものが肺胞。肺胞の大きさは約0.1㎜。

気管支と肺胞 ×200

肺胞マクロファージ ×5900

肺胞の中にいる肺胞マクロファージは、空気といっしょに入ってきた細菌や異物を食べて取りのぞく。

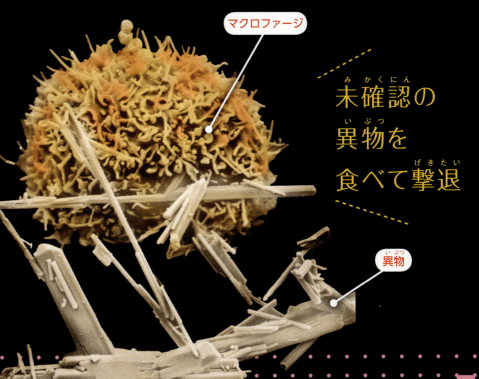

未確認の異物を食べて撃退

食べ物が消化されるまで

食べ物は、口に入れただけでは栄養分になりません。体の中で、栄養分として利用しやすい形に変えられてから吸収されるのです。これを消化といい、消化にかかわる器官を消化器官とよびます。食べ物が消化されるまでの道のりを見てみましょう。

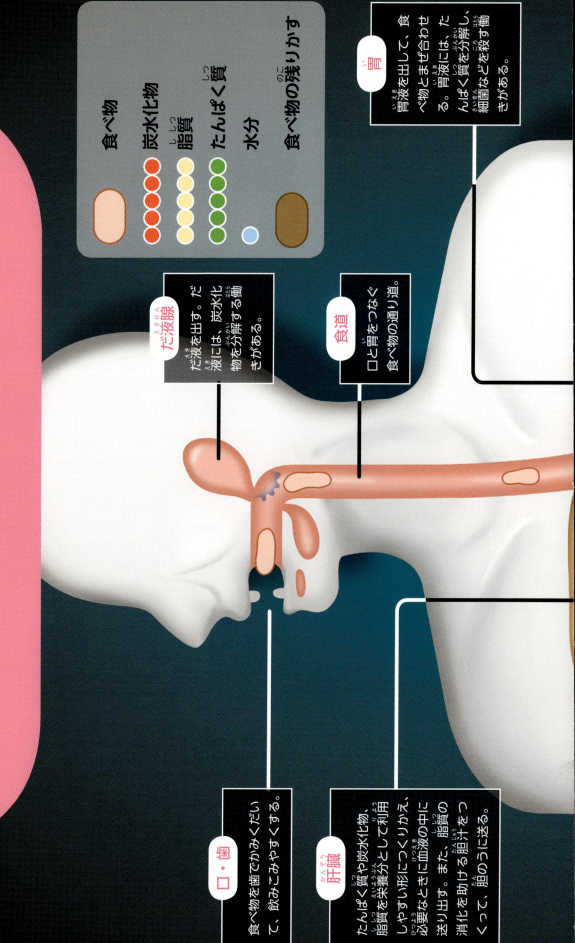

食べ物	
炭水化物	●●●●●
脂質	●●●●●
たんぱく質	●●●●●
水分	●
食べ物の残りかす	

胃
胃液を出して、食べ物とまぜ合わせる。胃液には、たんぱく質を分解し、細菌などを殺す働きがある。

だ液腺
だ液を出す。だ液には、炭水化物を分解する働きがある。

食道
口と胃をつなぐ食べ物の通り道。

口・歯
食べ物を歯でかみくだいて、飲みこみやすくする。

肝臓
たんぱく質や炭水化物、脂質を栄養分として利用しやすい形につくりかえ、必要なときに血液の中に送り出す。また、脂質の消化を助ける胆汁をつくって、胆のうに送る。

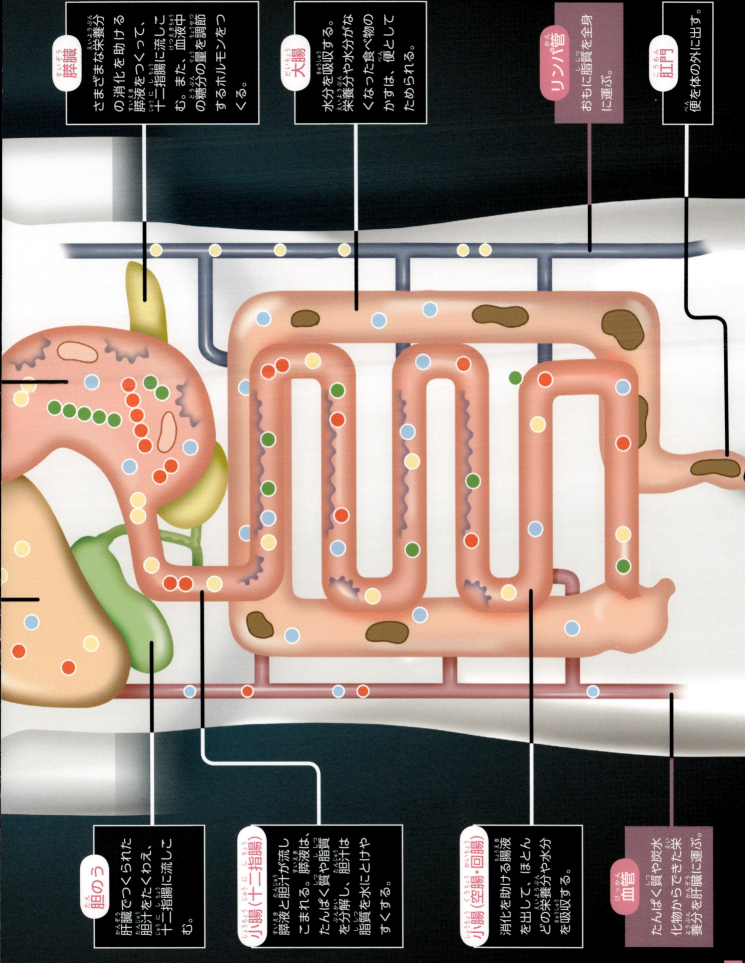

4 口・歯 を見てみよう

口は、消化器官のはじまりの部分で、食べた物を歯でかみくだき、舌を動かして食道や胃に送ります。また、舌には、味を感じとる役目もあります。

食べ物の消化はここから始まる

口の中のことを口腔といいます。口腔の前には口唇（くちびる）があり、奥はのどにつながっています。舌は筋肉でできていて、自由に動かすことができます。また、だ液腺は、だ液を出して、食べ物の消化を助けます。

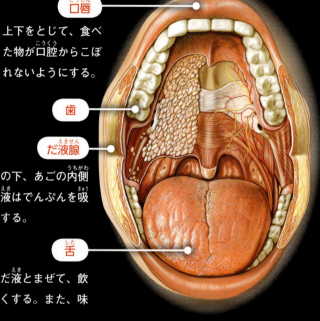

口唇 上下をとじて、食べた物が口腔からこぼれないようにする。

歯

だ液腺 耳の下、舌の下、あごの内側にある。だ液はでんぷんを吸収しやすくする。

舌 食べた物をだ液とまぜて、飲みこみやすくする。また、味を感じとる。

あまい、からいを感じとる舌

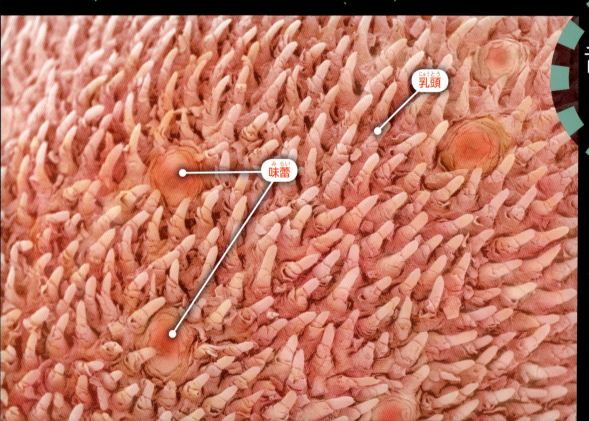

乳頭

味蕾

舌の味蕾 ×130

舌の表面には、食べ物をなめとったりするための乳頭という突起がたくさんある。舌の外側や、中央の奥のほうには味蕾という組織があって、ここで食べ物の味を感じとっている。

かんで、引きちぎって、すりつぶす

歯は、上下のあごの骨にならんでついています。おとなの永久歯は上下に16本ずつ、全部で32本あって、食べた物をかんで、のどを通りやすい大きさに変えます。

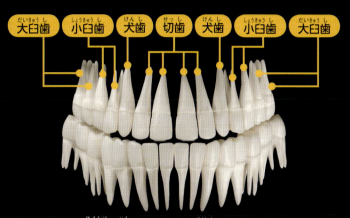

歯は形によって役割が異なる。中央の切歯は食べ物をかみちぎり、その両側の犬歯は引きちぎる。さらに外側の小臼歯、大臼歯は、食べ物をすりつぶしたり、くだいたりする。

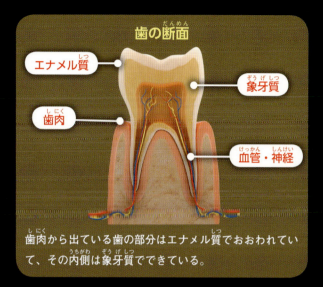

歯肉から出ている歯の部分はエナメル質でおおわれていて、その内側は象牙質でできている。

人体の中でいちばん固い物質

歯のエナメル質 ×2000

エナメル質はほとんどがカルシウムでできていて、人体ではもっとも固い。断面を見ると、うろこのような模様がある。

歯の象牙質 ×5000

象牙質には、象牙細管とよばれる細い管がたくさん通っている。象牙細管から出ているのは象牙芽細胞の一部で、新しい象牙質をつくり出す。

5 胃・腸 を見てみよう

口から入った食べ物は、食道、胃、腸を通り、便となって肛門から体の外に出されます。胃と腸は、食べ物から栄養分や水分を体内に取りこむ働きをしています。

◯ 胃液をまぜて、こねて、食べ物を消化

食道から胃、小腸、大腸にかけては、1本の管のようにつながっています。それぞれ平滑筋という筋肉でできていて、かべの内側は粘膜でおおわれています。胃は、ふだんはちぢんでいますが、食べ物が入ってくると広がります。そして胃液とまぜ合わせ、おかゆのような状態にして、小腸に送ります。

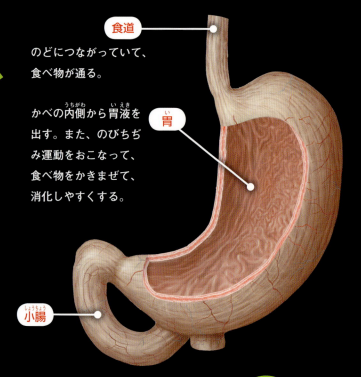

食道 のどにつながっていて、食べ物が通る。

胃 かべの内側から胃液を出す。また、のびちぢみ運動をおこなって、食べ物をかきまぜて、消化しやすくする。

小腸

酸性の胃液で消化と殺菌

胃液が出てくるくぼみ

胃の内側にはたくさんのくぼみがある。ここから、たんぱく質を消化するペプシンや、ペプシンの働きを助ける酸をふくむ胃液を出す。酸性の胃液は、細菌などを殺す働きもある。

胃の内側 ×430

ピロリ菌は、強い酸性の胃液の中でも生きることができる細菌で、胃がんなどの病気を引き起こすと考えられている。

ピロリ菌 ×9500

ピロリ菌

栄養分も水分もしぼりとる

小腸の長さはおとなで6〜7mもあります。食べ物の栄養分は、ほとんどがこの小腸で吸収されます。小腸のあとには約1.5mの大腸がつづいていて、食べ物から水分を取り出し、残ったかすが便になって肛門から出されます。

小腸のつくり
小腸のかべには輪状ひだとよばれるひだがあり、のびちぢみしやすくなっている。輪状ひだの表面は絨毛でおおわれ、絨毛の表面にも微絨毛がびっしり生えている。

小腸 — 栄養分を吸収し、さらに消化液を出す。

大腸 — 水分を吸収して、便を固くする。

大腸（直腸） — ここに食べ物の残りかすがたまると、脳から肛門に便をするよう命令が出される。

肛門

ミクロの突起で栄養を吸収

微絨毛 ×1万

小腸の内側 ×180

小腸の輪状ひだの表面には、絨毛とよばれる突起がある。この絨毛の表面は、さらに細かい微絨毛という毛のようなものでおおわれている。これによって、小腸の表面積はとても大きくなり、たくさんの栄養を吸収できるようになっている。

6 肝臓・膵臓 を見てみよう

胃や腸が吸収した栄養分は、そのままでは人体で利用できません。肝臓は栄養分を利用しやすい物質につくりかえ、たくわえます。膵臓も消化を助ける仕事をしています。

体の中の化学工場

肝臓は体の中で最大の臓器で、おとなでは重さが1.3kgほどになります。肝臓は、栄養分からたんぱく質や脂質をつくる、糖分をたくわえる、アンモニアなどの有害な物質を分解する、胆汁とよばれる消化液をつくるなど、さまざまな仕事をしています。そのため、「人体の化学工場」ともよばれています。

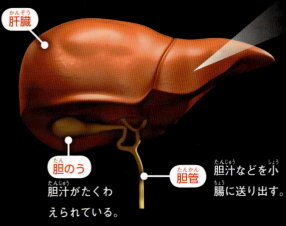

胆汁がたくわえられている。
胆汁などを小腸に送り出す。

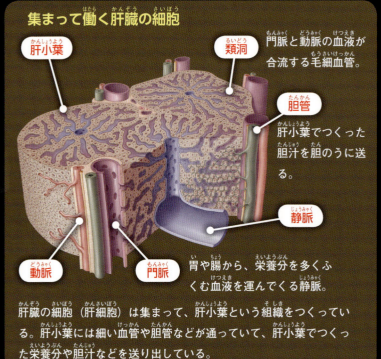

集まって働く肝臓の細胞

- 肝小葉
- 類洞：門脈と動脈の血液が合流する毛細血管。
- 胆管：肝小葉でつくった胆汁を胆のうに送る。
- 静脈
- 動脈
- 門脈：胃や腸から、栄養分を多くふくむ血液を運んでくる静脈。

肝臓の細胞（肝細胞）は集まって、肝小葉という組織をつくっている。肝小葉には細い血管や胆管などが通っていて、肝小葉でつくった栄養分や胆汁などを送り出している。

細胞の間を通る類洞と毛細胆管

- 肝細胞の核
- 肝細胞
- 類洞
- 毛細胆管

肝細胞 ×3600

血液は類洞を通って肝小葉の中央の静脈に流れていく。肝細胞がつくった胆汁は、細胞の間を通るとても細い毛細胆管から肝小葉の胆管に向かう。

消化を助け、血液中の糖を調節

膵臓は、肝臓の後ろにあって、トウモロコシを横にしたような形をしています。膵臓の腺房細胞は、消化を助ける膵液をつくり、小腸に送り出しています。また、内分泌細胞は、ランゲルハンス島とよばれる集まりをつくっていて、血液中の糖の濃さを調節するホルモンなどをつくっています。

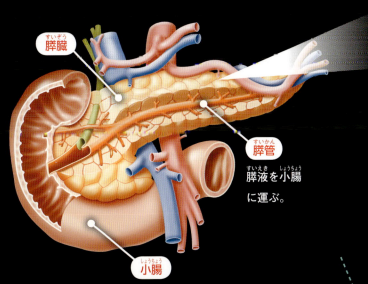

膵臓の細胞

- 腺房細胞：膵液をつくる。
- 膵管：膵液を小腸（十二指腸）に送る。
- ランゲルハンス島：糖の濃さを調節するホルモンをつくる。

膵臓／膵管／小腸
膵液を小腸に運ぶ。

腺房細胞に囲まれるランゲルハンス島

膵臓 ×380

ホルモンをつくる細胞が集まったランゲルハンス島のまわりに、膵液をつくる腺房細胞がたくさん見られる。左上の膵管は、腺房細胞がつくった膵液の通り道になっている。

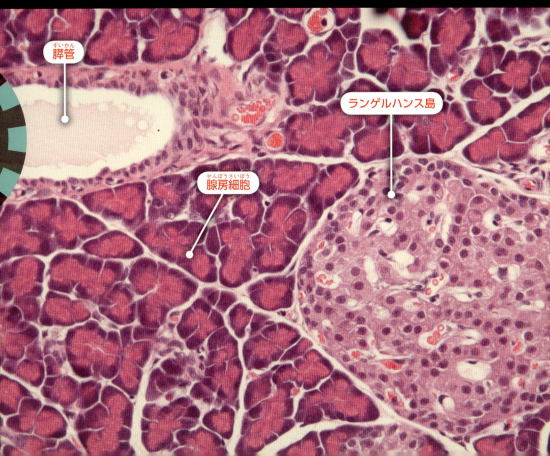

膵管／ランゲルハンス島／腺房細胞

7 腎臓・内分泌臓器
を見てみよう

腎臓は、血液から不要なものを取りのぞいて、尿として出します。また、内分泌臓器は、はなれた場所の臓器や組織の活動を調節するホルモンをつくっています。

✳ 不要なものをおしっことして出す

腎臓は、腰の上あたりに左右1つずつあります。腎臓には腎小体という組織がたくさんあって、血液の中から再利用できる栄養分と不要なものを分けています。これによって血液はきれいになり、体の中の水分も保たれます。不要なものは膀胱でためられ、尿として体の外に出されます。

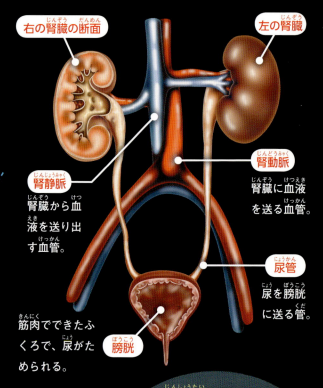

- **右の腎臓の断面**
- **左の腎臓**
- **腎静脈** — 腎臓から血液を送り出す血管。
- **腎動脈** — 腎臓に血液を送る血管。
- **尿管** — 尿を膀胱に送る管。
- **膀胱** — 筋肉でできたふくろで、尿がためられる。

血液をきれいにする糸玉

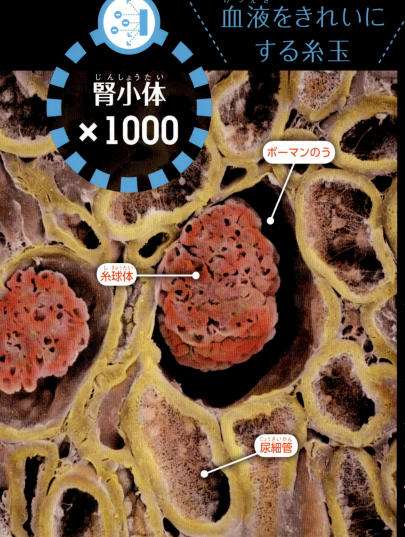

腎小体 ×1000

- ボーマンのう
- 糸球体
- 尿細管

腎小体は、細い血管が糸玉のようにからまった糸球体と、それを包むボーマンのうでできている。糸球体は血液中の不要なものをボーマンのうにおし出す。

腎小体のしくみ

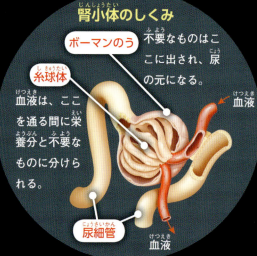

- **ボーマンのう** — 不要なものはここに出され、尿の元になる。
- **糸球体** — 血液は、ここを通る間に栄養分と不要なものに分けられる。
- 尿細管
- 血液

はなれた臓器に働きかけるホルモン

臓器の働きを調節する物質をホルモン、ホルモンをつくる器官を内分泌臓器といいます。人体ではいくつもの内分泌臓器がさまざまなホルモンをつくっていて、健康でいられるようにしています。

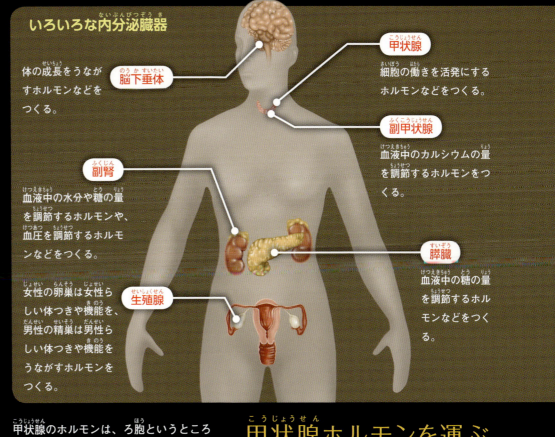

いろいろな内分泌臓器

- **脳下垂体**：体の成長をうながすホルモンなどをつくる。
- **甲状腺**：細胞の働きを活発にするホルモンなどをつくる。
- **副甲状腺**：血液中のカルシウムの量を調節するホルモンをつくる。
- **副腎**：血液中の水分や糖の量を調節するホルモンや、血圧を調節するホルモンなどをつくる。
- **膵臓**：血液中の糖の量を調節するホルモンなどをつくる。
- **生殖腺**：女性の卵巣は女性らしい体つきや機能を、男性の精巣は男性らしい体つきや機能をうながすホルモンをつくる。

甲状腺の毛細血管 ×150

甲状腺のホルモンは、ろ胞というところでつくられ、ろ胞のまわりの毛細血管に分泌される。甲状腺では毛細血管が発達し、からみあっているように見える。

甲状腺ホルモンを運ぶ複雑な毛細血管

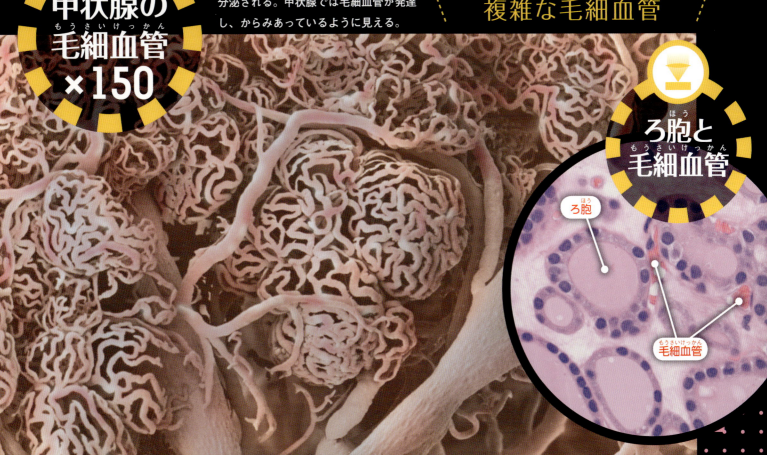

ろ胞と毛細血管
- ろ胞
- 毛細血管

8 脳・神経細胞 を見てみよう

頭の中にある脳と、脳からつづいている脊髄は、神経細胞でできていて、ヒトの心と体の働きをコントロールしています。

心と体の司令塔

脳と脊髄は、眼・耳・鼻・舌・皮膚などから情報を受けとり、どのようにすればいいか命令を出しています。ヒトが生きていくための活動をとりしきっていることから中枢神経とよばれ、脳は頭蓋骨、脊髄は脊柱（背骨）の中で大切に守られています。また、脳や脊髄の命令を体のすみずみまで伝えるそのほかの神経は、末梢神経とよばれます。

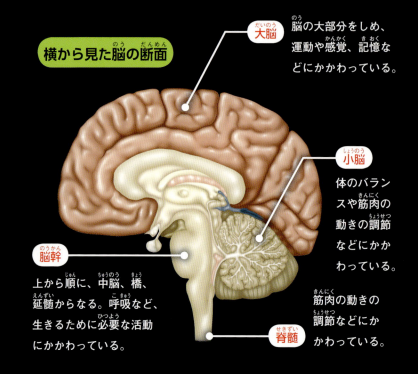

横から見た脳の断面

- **大脳**：脳の大部分をしめ、運動や感覚、記憶などにかかわっている。
- **小脳**：体のバランスや筋肉の動きの調節などにかかわっている。
- **脳幹**：上から順に、中脳、橋、延髄からなる。呼吸など、生きるために必要な活動にかかわっている。
- **脊髄**：筋肉の動きの調節などにかかわっている。

神経細胞が集まる大脳皮質

大脳皮質

大脳は髄膜でおおわれていて、その内側の厚さ1.5〜4.5mmほどの層は大脳皮質とよばれる。ここには数多くの神経細胞が見られる。その下の大脳髄質には、神経細胞からのびた突起が集まっている。

髄膜 / 大脳皮質 / 大脳髄質

大脳皮質の神経細胞

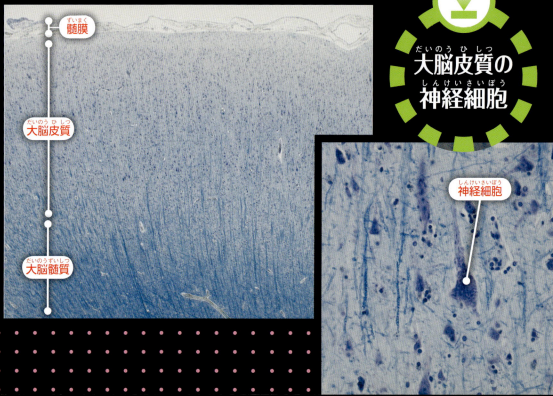

神経細胞

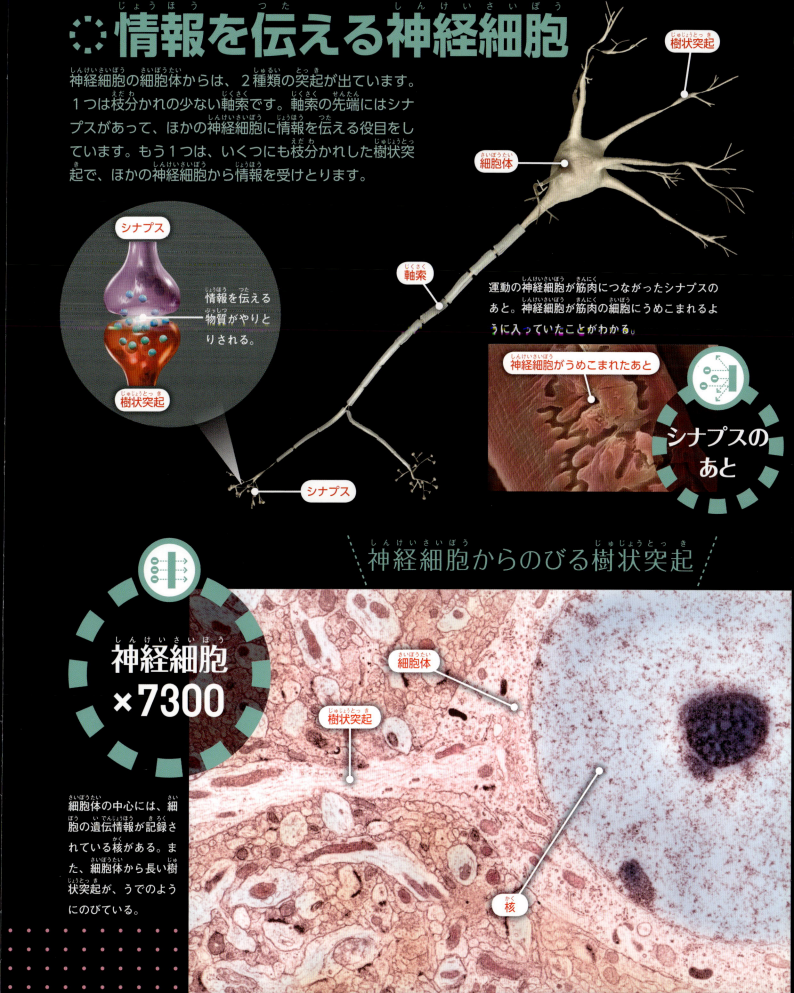

9 眼を見てみよう

眼は、外から入ってくる光を感じとって映像として読みとる役目を果たしています。その情報は視神経を通じて、脳に伝えられます。

◌ 像を映しだす天然のカメラ

眼のつくりは、カメラに似ています。水晶体は光を屈折させるカメラのレンズ、虹彩は光の量を調節するしぼり、網膜は像を結ぶ光センサーの働きをしています。また、眼の表面にある角膜は、フィルターのように眼球を守っています。

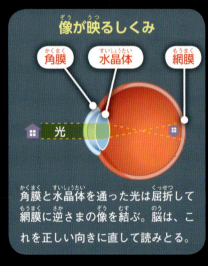

像が映るしくみ
角膜・水晶体・網膜
角膜と水晶体を通った光は屈折して網膜に逆さまの像を結ぶ。脳は、これを正しい向きに直して読みとる。

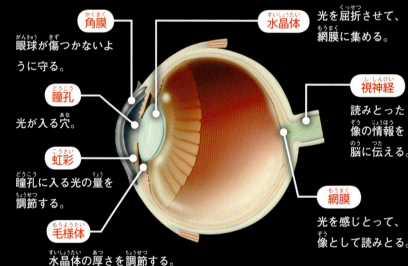

- **角膜**：眼球が傷つかないように守る。
- **瞳孔**：光が入る穴。
- **虹彩**：瞳孔に入る光の量を調節する。
- **毛様体**：水晶体の厚さを調節する。
- **水晶体**：光を屈折させて、網膜に集める。
- **視神経**：読みとった像の情報を脳に伝える。
- **網膜**：光を感じとって、像として読みとる。

眼球の断面 ×200

眼球の上のほうの断面のようす。毛様体には筋肉がついていて、のびちぢみすることで水晶体を厚くしたりうすくしたりし、ピントが合うように調節している。

光の量やピントを調節

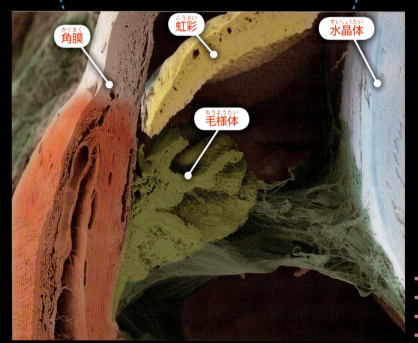

角膜・虹彩・水晶体・毛様体

水晶体の断面 ×6000

水晶体は、真ん中がふくらんだ凸レンズの形をしている。その内部では、水晶体線維とよばれる細長い細胞が、規則正しくならんでいる。

光を集める
天然のレンズ

明るさや色を感じとる
2種類の細胞

視細胞 ×2600

眼球の奥のほうにある網膜には、集まった光の強さや色を見分ける細胞（視細胞）が集まっている。これらが受けとった映像の情報は、脳に伝えられる。

視細胞の種類

色を区別する細胞　　光を感じる細胞

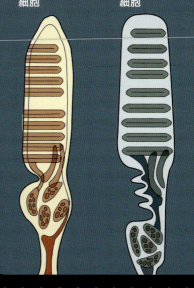

10 鼻・耳 を見てみよう

鼻は、呼吸のための空気の通り道で、においをかぐ器官でもあります。また、耳は、音を聞くと同時に、体のバランスを感じとる役目も果たしています。

呼吸して、においをキャッチする鼻

鼻は顔の真ん中から突き出ています。中の空間（鼻腔）は、のどにつながっていて、入ってきた空気が冷たいときには温め、乾燥しているときには湿り気をあたえて、肺に送ります。また、鼻腔の上のほうにある嗅上皮では、においの元となる小さな物質の刺激を感じとります。

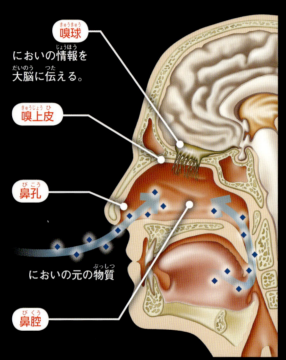

嗅球: においの情報を大脳に伝える。
嗅上皮
鼻孔
においの元の物質
鼻腔

嗅細胞
嗅細胞は嗅上皮の中にあり、においの元になる物質をキャッチすると、脳の嗅球に伝える。

嗅細胞 ×2200

鼻腔の表面 ×5000

鼻腔の表面の細胞には、細い毛がたくさん生えていて、入ってきた空気に温度や湿り気をあたえるほか、ごみを取りのぞく働きもしている。

吸った空気を毛できれいにする

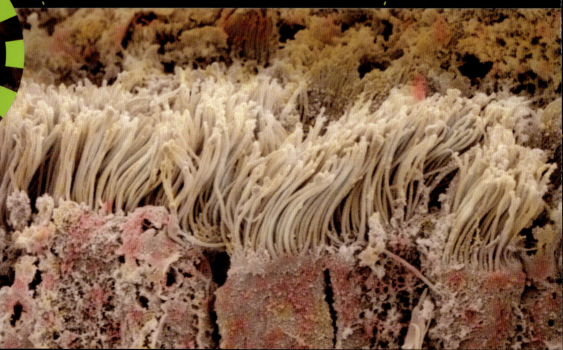

音や体のバランスを感じとる耳

耳は顔の左右に1つずつあります。耳の奥には空間があって、空気の振動を音として感じとります。また、三半規管と平衡斑は、体の回転運動やかたむきを感じて、脳に伝えています。

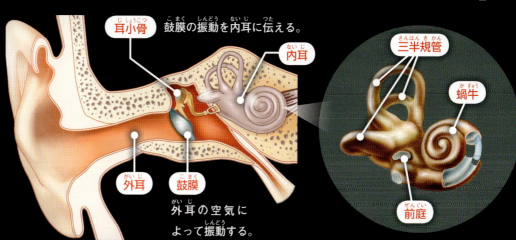

耳小骨 — 鼓膜の振動を内耳に伝える。
内耳
三半規管
蝸牛
前庭
外耳
鼓膜 — 外耳の空気によって振動する。

ラセン器 ×9000

毛で音を感じとる

蝸牛のうずを巻いた管の中には、ラセン器（コルチ器）という細胞が集まった部分がある。ラセン器には聴毛が生えていて、振動を受けとることで音を感じる。

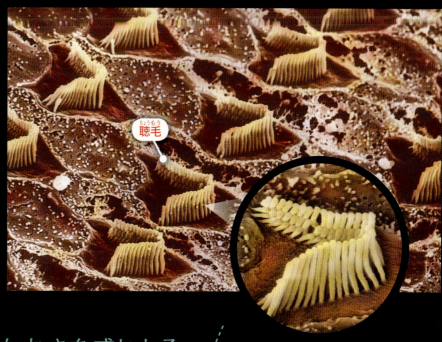

聴毛

耳石

体のかたむきを感じとる

体のかたむきを感じる平衡斑

内耳の前庭にある平衡斑の表面には、耳石という粒がある。体がかたむくと耳石が動き、それを感じた有毛細胞が脳に情報を伝える。

まっすぐ立っているときの平衡斑

耳石
有毛細胞

体がかたむいたときの平衡斑

耳石と有毛細胞が動く。

耳石はカルシウムでできていて、平衡砂ともいわれる。

11 皮膚を見てみよう

皮膚は、全身の表面をおおって、外からのさまざまな刺激から体を守っています。また、体温を調節したり、暑さ、冷たさ、痛みなどを感じる働きもしています。

✦ センサーつきの全身防護服

皮膚は表皮と真皮でできていて、その下に皮下組織があります。表皮はうすくてじょうぶです。真皮は厚く弾力があって、血管や神経、汗腺などがあります。皮下組織は脂肪が多く、体を暑さや寒さから守っています。手のひらや足のうらの表皮はほかよりも厚く、さわったり、おされたりするのを感じる神経が多くあります。

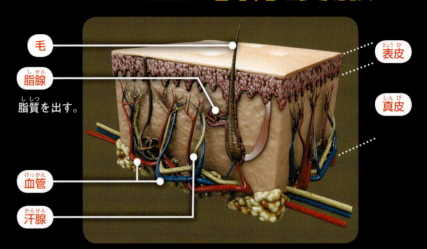

毛
脂腺 — 脂質を出す。
血管
汗腺
表皮
真皮

細菌やウイルスをシャットアウト

表皮の断面 ×1700

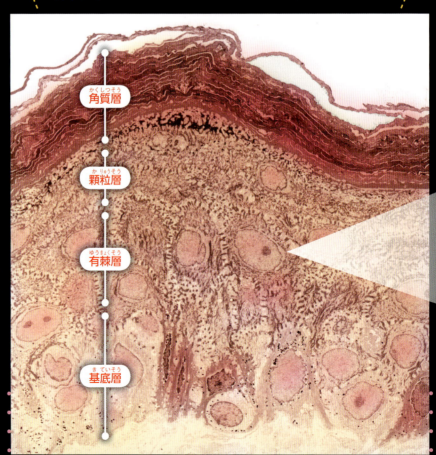

角質層
顆粒層
有棘層
基底層

表皮は、角質層、顆粒層、有棘層、基底層の4つの層でできている。表皮の細胞は内側の基底層でつくられて、だんだん外側に移動していき、角質層に達したあと、はがれ落ちていく。外側の角質層は、水を通さず、細菌などが体の中に入るのをふせいでいる。

エックリン汗腺の断面 ×500

全身の皮膚にある汗腺で、体温が上がると汗を出す。汗のほとんどは水分で、蒸発するときに熱をうばって、体温を下げる。

アポクリン汗腺の断面 ×500

わきの下や、外耳などにある汗腺で、においの元になる成分をふくんだ汗を出す。

皮膚を乾燥から守る

とげのようなものでつながる細胞

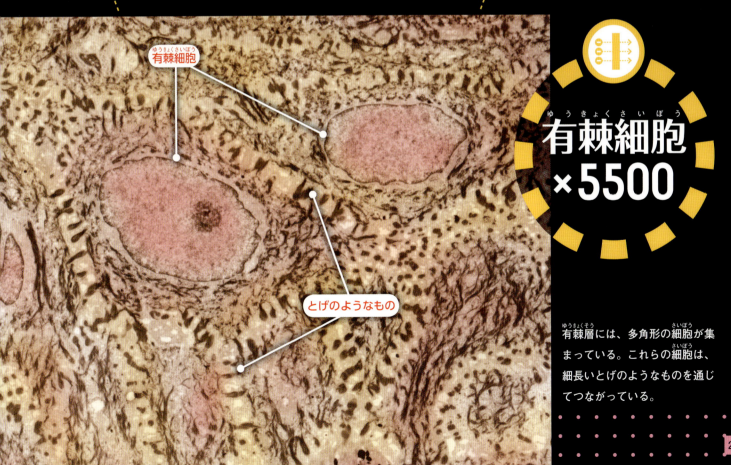

- 有棘細胞
- とげのようなもの

有棘細胞 ×5500

有棘層には、多角形の細胞が集まっている。これらの細胞は、細長いとげのようなものを通じてつながっている。

12 骨・筋肉 を見てみよう

わたしたちが、立ったり座ったり、歩いたり、物をつかんだりできるのは、骨と筋肉があるからです。また、骨の中心の骨髄では、血液をつくるという大切な仕事もしています。

体をかたちづくる200の骨

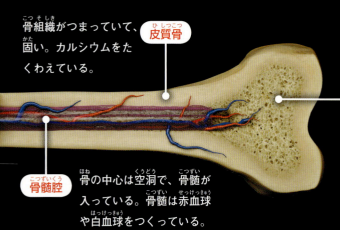

皮質骨　骨組織がつまっていて、固い。カルシウムをたくわえている。

海綿骨　細い骨が網目のように縦横にはりめぐらされ、スポンジ状になっている。

骨髄腔　骨の中心は空洞で、骨髄が入っている。骨髄は赤血球や白血球をつくっている。

ヒトの体には、200個あまりの骨があります。骨の形や大きさはさまざまですが、それらが組み合わさって、ヒトの体をささえ、臓器などを守り、運動できるようにしているのです。また、骨はカルシウムをたくわえたり、血液をつくる仕事もしています。

つながっているから、動くことができる

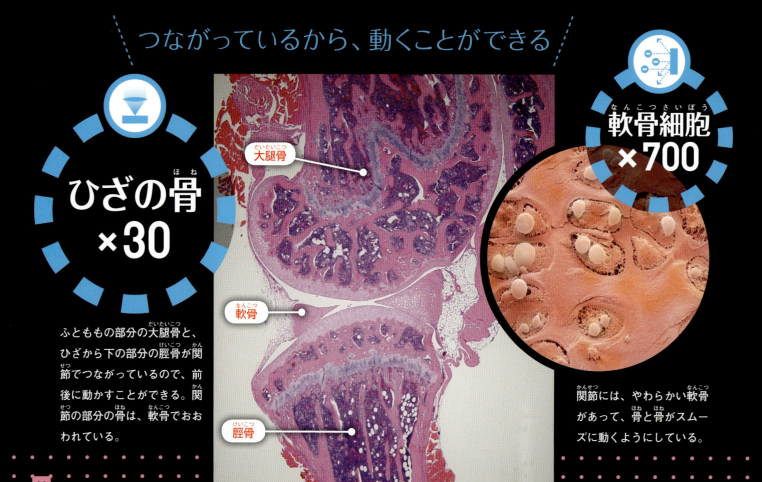

ひざの骨 ×30

ふとももの部分の大腿骨と、ひざから下の部分の脛骨が関節でつながっているので、前後に動かすことができる。関節の部分の骨は、軟骨でおおわれている。

ラベル: 大腿骨／軟骨／脛骨

軟骨細胞 ×700

関節には、やわらかい軟骨があって、骨と骨がスムーズに動くようにしている。

生まれ変わる骨

毎日、さまざまな力がかかる骨は、古くなると折れやすくなってしまいます。そのため、骨芽細胞がカルシウムを取り入れ、新しい骨をつくっています。一方、古くなった骨は、破骨細胞がとかして吸収します。

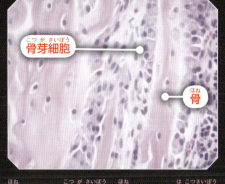
骨芽細胞／骨

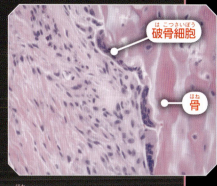
破骨細胞／骨

骨をつくる骨芽細胞も骨をこわす破骨細胞も、骨のそばで活動している。

のびてちぢんで体を動かす

筋肉は、筋線維という細い細胞の束で、これらがのびたりちぢんだりすることで体を動かします。骨についている骨格筋は自分で動かせますが、内臓や血管の筋肉（平滑筋）や、心臓の筋肉（心筋）は、自分で動かすことはできません。

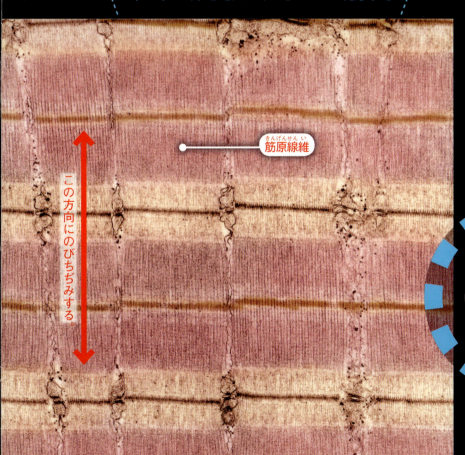

筋原線維 細長いたんぱく質が集まっている。

筋線維 筋原線維の束。

筋線維束 筋線維の束。

腱 筋肉と骨をつないでいる。

骨

素早く力強く動ける筋肉

筋原線維

この方向にのびちぢみする。

骨格筋

骨と結びついている筋肉で、とても細い筋原線維が束になっている。横じまの模様（横紋）が見えることから、横紋筋ともよばれる。

13 血液・免疫を見てみよう

血管を流れる血液は、酸素や栄養分を全身にとどける仕事をしています。また、細菌やウイルスなどから体を守る免疫機能も果たしています。

◎ 酸素と栄養分を全身に運ぶ

血液は、赤血球、血小板、白血球などの血球成分と、血漿という液体でできています。全体の4割近くをしめる血球成分のうち、赤血球は酸素や二酸化炭素を運び、血小板は血管が傷ついたとき、できた穴をふさいで血を止めます。白血球にはさまざまな種類があって、体内に入ってきた細菌などを攻撃し、体を守ります。また、血漿は、たんぱく質などの栄養分を運びます。

酸素を運びながら、敵も退治

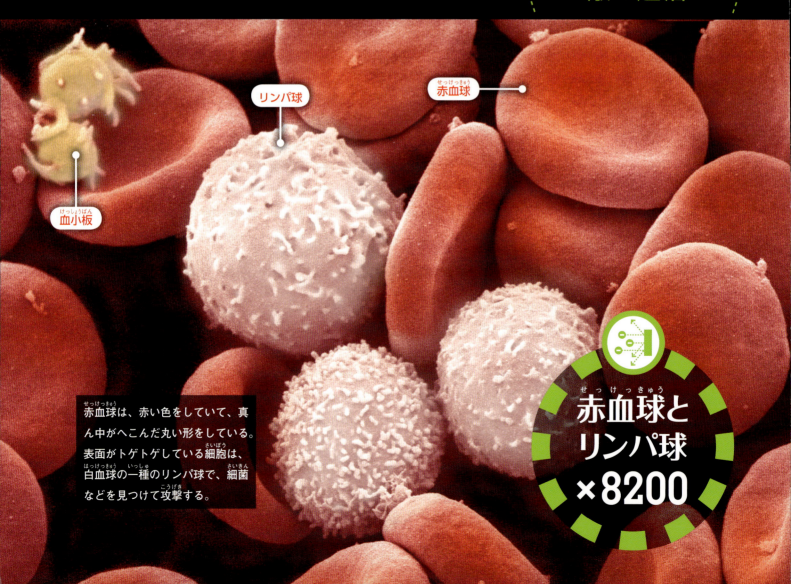

リンパ球 / 赤血球 / 血小板

赤血球は、赤い色をしていて、真ん中がへこんだ丸い形をしている。表面がトゲトゲしている細胞は、白血球の一種のリンパ球で、細菌などを見つけて攻撃する。

赤血球とリンパ球 ×8200

白血球と黄色ブドウ球菌 ×9600

病原菌を食べてしまう食いしんぼう

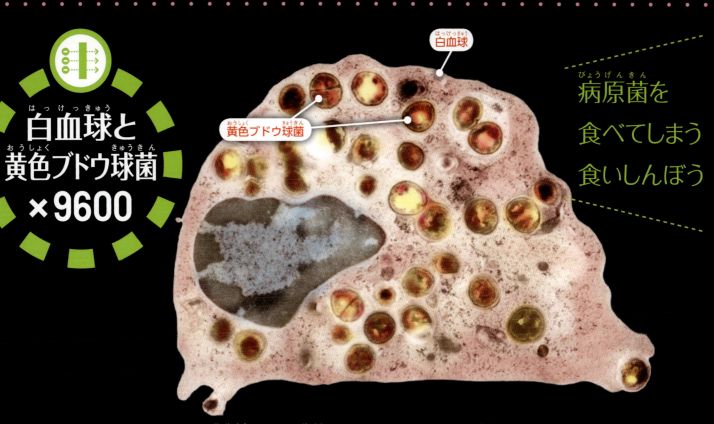

白血球の一部は、血管の中では丸い形をしているが、血管の外に出ると、足のようなものをのばして自由に移動できるようになる。そして、病原菌を食べて殺してしまう。

敵発見、たんぱく質で攻撃

形質細胞 ×1万5000

細菌などが体内に侵入すると、リンパ球の1つであるBリンパ球は形質細胞に変化する。形質細胞は、侵入した細菌だけにきめがあるたんぱく質を出して、細菌をやっつける。

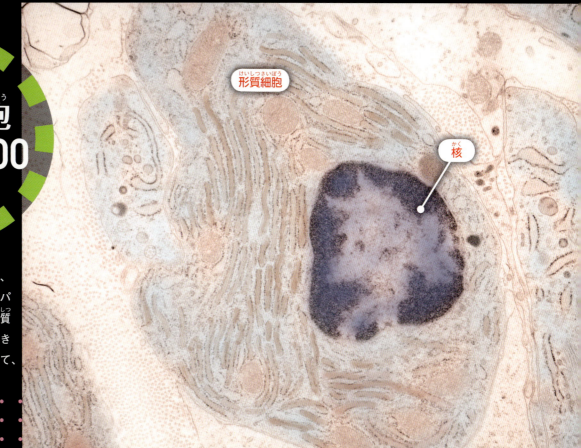

14 病気を見てみよう

病気のヒトの体の中を調べると、細胞にさまざまな変化がおこっています。この変化を発見して調べることが、病気の治療や予防につながっています。

神経細胞がへるアルツハイマー病

アルツハイマー病は、物事を覚えたり考えたりすることがむずかしくなってしまう病気です。この病気になった人の大脳を見てみると、神経細胞の数がへっていることがわかります。

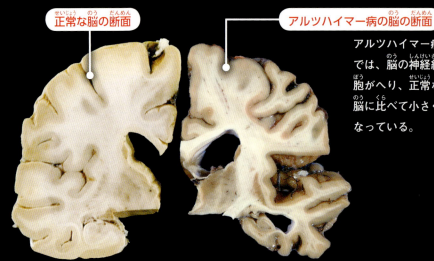

正常な脳の断面

アルツハイマー病の脳の断面

アルツハイマー病では、脳の神経細胞がへり、正常な脳に比べて小さくなっている。

神経細胞にできる、ねじれた糸

ねじれた糸の束のようなものができている

神経原線維変化 ×5万2000

アルツハイマー病が進行すると、神経細胞の中に何本かの糸をよりあわせたようなものが増えてくる。これは、たんぱく質の一種がたまったためと考えられている。

細胞が無制限に増えていくがん

がんは、正常な細胞が変化してがん細胞になり、無制限に増える病気です。がん細胞は、まわりの正常な細胞をこわし、ときには血管に入って血液といっしょに運ばれ、ちがう臓器で増えることもあります。このように、はなれた場所でがん細胞が増えることを転移といいます。がん細胞が増えすぎると、体の栄養分がうばわれて、死にいたることもあります。

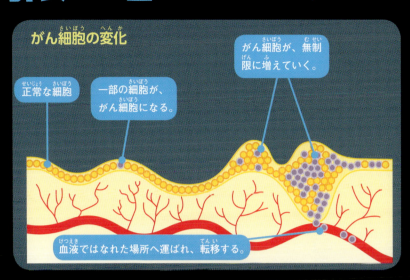

がん細胞の変化
正常な細胞
一部の細胞が、がん細胞になる。
がん細胞が、無制限に増えていく。
血液ではなれた場所へ運ばれ、転移する。

命をおびやかす、ふぞろいな細胞

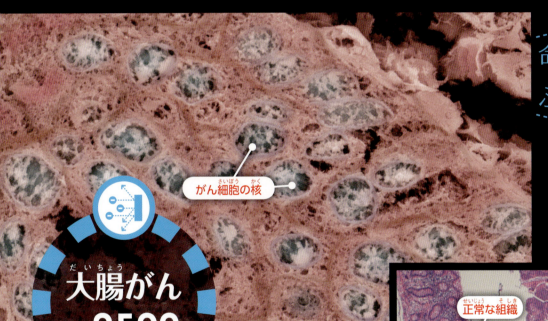

がん細胞の核

大腸がん ×2500

がん細胞は、正常な細胞に比べると、核の形や大きさがふぞろいなのが特徴。分裂する細胞も多くなる。

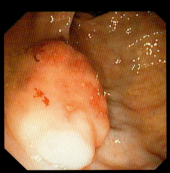

内視鏡で見た大腸がん。

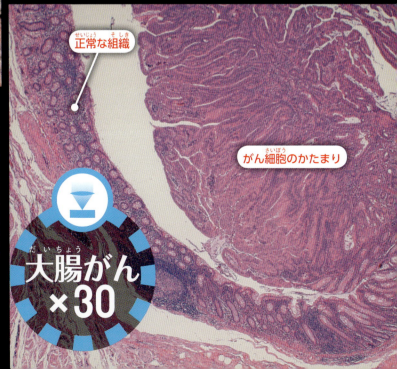

正常な組織
がん細胞のかたまり

大腸がん ×30

15 細菌・ウイルス を見てみよう

細菌とウイルスは、目には見えないほど小さな生物です。しかし人体に入りこんで、病気を引き起こすことがあります。

❂ 1個の細胞でできている細菌

細菌は1個の細胞でできていて、1mmの1000分の1ぐらいの大きさです。人体に入ると病気の原因になるものが多いですが、なかにはビタミンをつくるなど、役立つ細菌もあります。

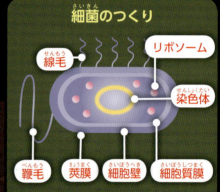

細菌のつくり
線毛／リボソーム／染色体／鞭毛／莢膜／細胞壁／細胞質膜

細菌の細胞は、じょうぶな細胞壁でおおわれ、中には遺伝情報がのっている染色体と、たんぱく質をつくるリボソームがある。種類によっては、鞭毛や線毛、莢膜という膜のようなものをもつ細菌もある。細菌が引き起こす病気には、胃腸炎、肺炎などがある。

発熱を引き起こす丸いくさり

溶血性レンサ球菌 ×2万

丸い形をした細菌が、くさりのようにつながっている。感染すると、のどがはれたり、熱が出たりする。

口の中で悪さをする細菌

口の中の細菌 ×1万2000

歯垢（歯についた食べ物のかすなど）には、さまざまな種類の細菌がふくまれていて、歯周病の原因になる。歯周病になると、歯ぐきがはれたり、出血したりする。

細胞に寄生して生きるウイルス

ウイルスは細菌よりさらに小さく、1mmの1万分の1ぐらいしかありません。自分だけでは増えることができないので、動物や植物の細胞に入りこんで、増えます。

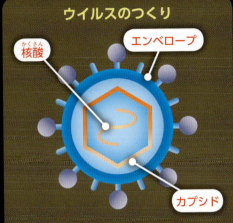

ウイルスのつくり

核酸／エンベロープ／カプシド

ウイルスは、たんぱく質でできたカプシドに、遺伝情報をのせた核酸が入っている。リボソームがないので、自分ではたんぱく質をつくれない。そのため、ほかの細胞の中に入って自分と同じものをつくってもらう。ウイルスが原因で引き起こされる病気には、インフルエンザ、はしか、風しん、デング熱などがある。

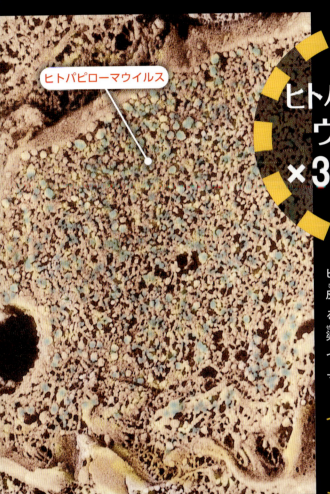

ヒトパピローマウイルス ×3万5000

ヒトパピローマウイルスは、皮膚にできるいぼの原因となるウイルスで、人から人に感染する。いぼの断面の小さなつぶは、すべてヒトパピローマウイルスである。

人に感染するいぼウイルス

バクテリオファージ ×21万6000

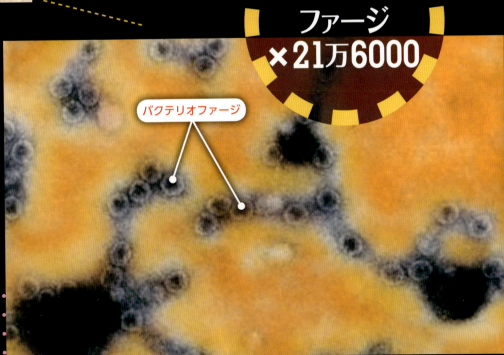

細菌にすみつくバクテリオファージ

バクテリオファージは、細菌に寄生するウイルス。

子ども ミクロワールド写真館

小学校から中学校1年までの子どもたちが、電子顕微鏡を使ってミクロの世界の撮影に挑戦！
体の部分や身近なもの、小さな生き物を写した傑作が集まりました。

髪の毛
東京都／伊奈大輝さん

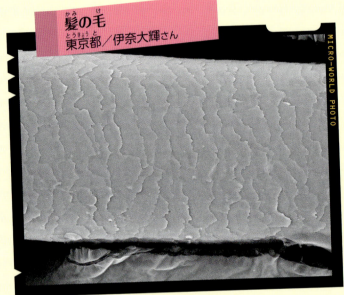

髪の毛を電子顕微鏡で見た。表面に波のような模様があった。

髪の毛
埼玉県／石田直生さん

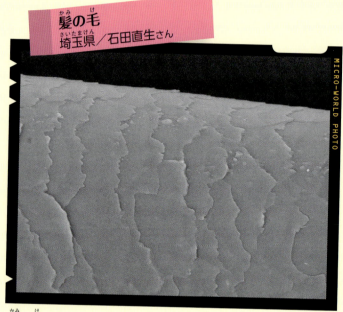

髪の毛の表面では、うすいうろこのようなものが、たくさん重なり合っていた。

毛根
埼玉県／榎本未来さん

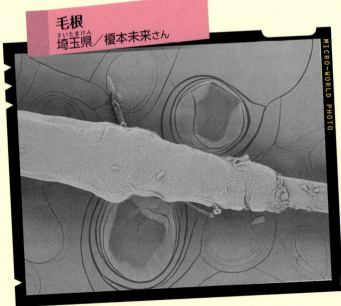

髪の毛の根元の部分を観察した。太くなっているほうが根元で、まわりに皮膚の一部みたいなものがついていた。

歯石
東京都／阪田さわ子さん

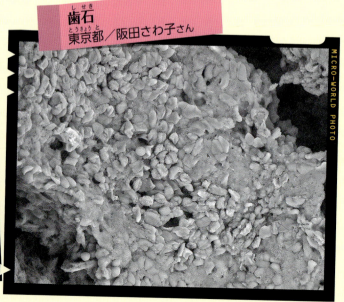

歯の表面のネバネバしたものが固まってできた歯石。観察すると、小さなつぶがたくさんあった。

薬の表面
東京都／野田悠太さん

薬を観察すると、平らに見える表面のところどころにくぼみがあった。

薬の断面
東京都／山際俊介さん

薬の断面を見てみると、いろいろな形や大きさのつぶが、たくさん集まっていた。

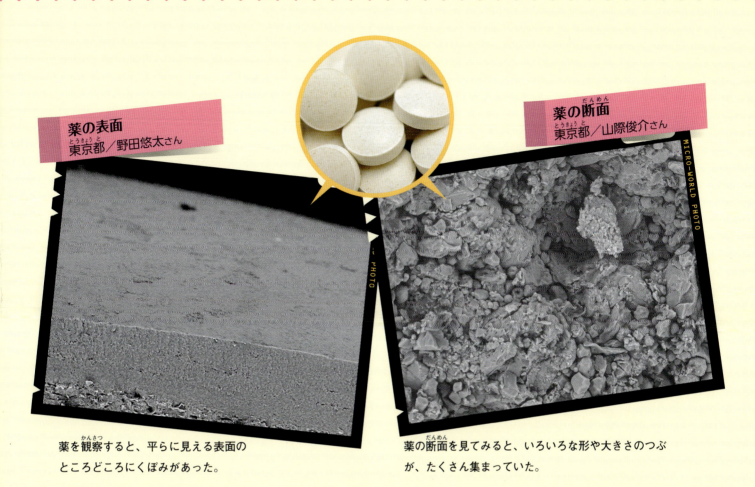

ヤモリの口
神奈川県／星昊志さん

ヤモリの口には、するどい歯がたくさんはえていて、おどろいた。

オタマジャクシの口
大分県／島田翔羽さん

オタマジャクシの口を見てみると、ギザギザした歯がたくさんついていた。

さくいん

あ
- アルツハイマー病　34
- 胃　2、6、7、12、14、16、18
- ウイルス　32、36、37
- エナメル質　15

か
- 核　3、18、23、33、35
- 角膜　24
- がん（がん細胞）　35
- 肝細胞　18
- 冠状動脈　4、8、9
- 汗腺　28、29
- 肝臓　6、8、12、13、18、19
- 気管・気管支　10、11
- 筋肉　7、8、9、14、16、20、22、23、24、30、31
- 口　6、10、12、14、16、39
- 形質細胞　33
- 血液　6、7、8、9、10、11、12、13、18、19、20、21、30、32、35
- 血管　2、7、8、9、13、15、18、20、28、31、32、33
- 甲状腺　21
- 呼吸　6、22、26
- 骨格筋　3、7、9、31
- 骨芽細胞　31

さ
- 細菌　10、11、12、16、28、32、33、36、37
- 細胞　2、3、6、7、8、9、15、18、19、21、23、25、26、27、28、29、31、32、33、34、35、36、37
- 視細胞　25
- 歯周病　36
- 耳石　27
- 舌　14
- 消化　6、12、13、14、16、18、19
- 小腸　2、7、13、16、17、19
- 食道　12、14、16
- 心筋　7、8、9、31
- 神経細胞　22、23、34
- 腎小体　20
- 心臓　2、7、8、9、10、11、31
- 腎臓　6、8、20
- 水晶体　4、24、25
- 膵臓　4、6、13、18、19、21
- 赤血球　5、32

た
- 臓器　2、6、7、18、21、30、35
- 象牙質　15
- 大腸　13、16、17
- 大腸がん　35
- 大脳皮質　22
- 胆のう　12、13、18
- 腸　6、7、8、16、18

な
- 内分泌臓器　20、21
- 軟骨　7、30
- 脳　2、6、7、17、22、24、26、27、34

は
- 歯　6、12、14、15、36、38、39
- 肺　6、8、10、11、26
- 肺胞　10、11
- バクテリオファージ　37
- 破骨細胞　31
- 白血球　32、33
- 鼻　6、10、22、26
- ヒトパピローマウイルス　37
- 皮膚　7、22、28、29、38
- 表皮　28
- ピロリ菌　16
- 骨　7、9、30、31
- ホルモン　6、13、19、21

ま
- マクロファージ　3、11
- ミトコンドリア　3
- 耳　6、7、14、22、26、27
- 味蕾　14
- 眼　4、6、7、22、24
- 免疫　32
- 網膜　24、25

や
- 有棘細胞　29
- 溶血性レンサ球菌　36

ら
- ラセン器　27
- ランゲルハンス島　19
- リボソーム　3、36、37
- リンパ球　5、32、33

【監修】
宮澤七郎………医学生物学電子顕微鏡技術学会　名誉理事長・最高顧問

【編集】
医学生物学電子顕微鏡技術学会

【編集責任】
逸見明博………日本大学医学部教授

【編集委員】
宮澤七郎
逸見明博
関　啓子………元東京慈恵会医科大学特任教授
根本典子………北里大学医学部バイオイメージング研究センター
中村澄夫………神奈川歯科大学名誉教授

【執筆】
宮澤七郎
逸見明博
根本典子
関　啓子
島田達生………大分大学医学部名誉教授
本間　琢………日本大学医学部病態病理学系人体病理学分野
増田　毅………日本大学医学部耳鼻咽喉科・頭頸部外科学分野
高橋常男………元神奈川歯科大学大学院教授
松本なつき……株式会社クレハ分析センター

【写真撮影・提供・画像処理】
医学生物学電子顕微鏡技術学会
根本典子
中　英男
伊藤康雅………伊藤歯科医院院長
織田恵理子……北里大学医学部バイオイメージング研究センター
柳下三郎………元神奈川リハビリテーション病院病理部長
伊藤洋二
石山宮子………元神奈川リハビリテーション病院病理部
大森　実………有限会社光原社

【企画・編集】
渡部のり子・小嶋英俊（小峰書店）
常松心平・飯沼基子（オフィス303）

【装丁・本文デザイン】
T.デザイン室（倉科明敏）

【本文イラスト】
小池菜々恵
鈴木茉莉（オフィス303）

【写真協力】
amanaimages………P.6・7・8・10・14・15・16・17・18・19・20・21・22・23・24・25・26・27・28・30・31・34・35
photolibrary………P.39

医学生物学
電子顕微鏡技術学会

医・歯・薬・理・工・農学の分野の研究者・技術者が、電子顕微鏡の技術の発展や研究成果の普及、学術交流のために活動しています。社会貢献のひとつとして、毎年「子ども体験学習」も開催しています。

ミクロワールド大図鑑
人体

2015年12月23日　第1刷発行

監修者　宮澤七郎
発行者　小峰紀雄
発行所　株式会社小峰書店
　　　　〒162-0066 東京都新宿区市谷台町 4-15
　　　　TEL 03-3357-3521　FAX 03-3357-1027
　　　　http://www.komineshoten.co.jp/
印刷・製本 図書印刷株式会社

©Shichiro Miyazawa, Komineshoten
2015　Printed in Japan
NDC 460　40p　29 × 23cm
ISBN978-4-338-29802-5

乱丁・落丁本はお取り替えいたします。
本書のコピー、スキャン、デジタル化等の無断複製は著作権法上での例外を除き禁じられています。本書を代行業者等の第三者に依頼してスキャンやデジタル化することは、たとえ個人や家庭内での利用であっても一切認められておりません。